低卡酸奶
创意轻食

U0151527

飨瘦美味　著

中国轻工业出版社

目录 *Contents*

营养丰富、滑顺好喝!

酸奶汤品 & 饮品

甜蜜下午茶好滋味!

酸奶点心

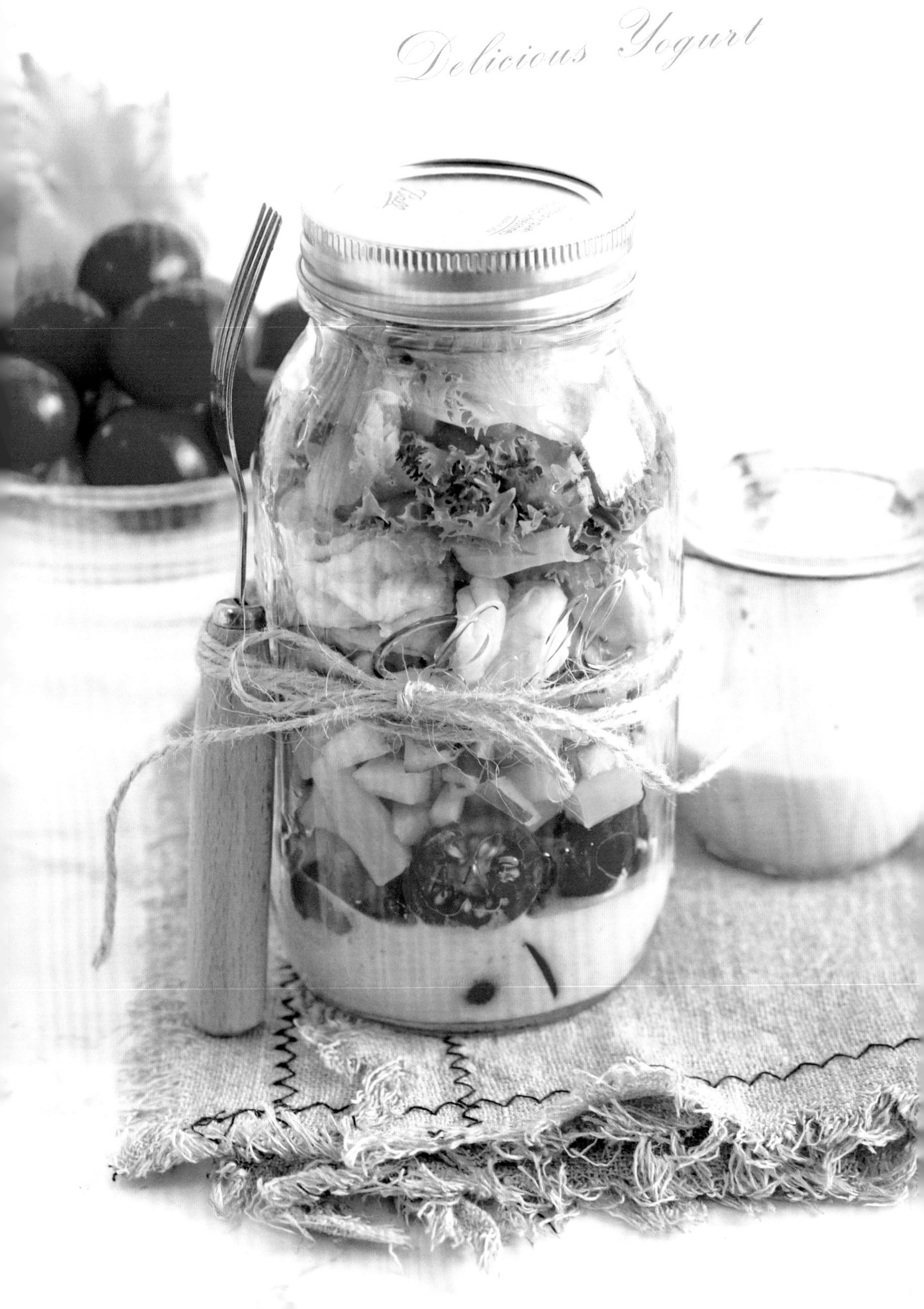
Delicious Yogurt

Part 1

健康、美丽与美味的小秘密

百变酸奶

"酸奶"这几年俨然成为新健康理念、新饮食的代名词。超市货架上的酸奶品牌与口味众多,且不断有新的品种上市,总是不知该从何挑选。

不妨跟着我们一起来了解酸奶,并运用酸奶的特殊性与对身体的益处来丰富我们的餐桌风景,创造酸奶的百变新味道吧!

什么是酸奶？

越来越多的人爱喝酸奶，其滑顺、香浓的口感总令人忍不住一口接一口，那你知道酸奶有哪些营养成分吗？本章带你一探究竟！

酸奶的营养价值

酸奶是鲜奶经由乳酸菌发酵后分泌乳酸，使乳蛋白变性凝固而成的，因此含有鲜奶丰富的营养，如蛋白质、脂肪、乳糖、钙、磷、镁、钠、钾、锌、铜与铁等，还有维生素A、B族维生素、维生素D等，是一种优质的、营养丰富的食物。

尤其鲜奶经过乳酸菌发酵作用后，更能增加乳酸菌的摄取量，帮助调节消化道内细菌丛的生态，还可将鲜奶中的大分子营养物质（如蛋白质、脂肪及乳糖）初步分解成小分子，让人体更容易消化、吸收，也可降低乳糖不耐受的可能性。因此，每天来杯酸奶，对于润肠通便、促进消化、调整体质等都有很大的好处。

酸奶的种类

市面上的酸奶种类不少，这些酸奶口感、风味与营养差别在哪里？要怎么选择？或者可以依个人的饮食习惯自己动手做，针对目前市面上常见的酸奶，我们特别介绍以下几种口味，供大家参考！

·传统酸奶

利用乳酸菌分泌的乳酸去帮助鲜奶中的蛋白质变性凝结而成的固形物就是酸奶，其做法很简单。当使用的发酵菌种不同时，也就能做成不同风味和不同口感的酸奶。

·希腊酸奶

希腊酸奶，也是大家常常听到的"水切酸奶"，做法是将发酵好的传统酸奶，利用滤网过滤掉水分（乳清），留下更扎实的固形物，口感浓稠、绵密，更优于传统酸奶。

制作时滤出的乳清千万不能丢掉，其富含乳酸及蛋白质，可以作为烘焙时必需添加的液体食材，或是添加些碳酸饮料调制成美味饮品。

·冰岛酸奶

冰岛酸奶（skyr）虽名为酸奶，但实际上却是一种口感类似酸奶的新鲜奶酪。做法是让杀菌后的脱脂鲜奶发酵，等到结块时，再沥掉乳清，味道偏酸但口感绵密、浓郁。

·豆浆酸奶

近年来，针对不喝鲜奶或食素人群，也开发出纯素的豆浆酸奶。以豆浆取代鲜奶，用乳酸菌发酵而成的豆浆酸奶，除了提供好菌外，黄豆富含的膳食纤维及大豆异黄酮，对于更年期妇女及运动后的低热量、高蛋白营养补给需求，豆浆酸奶是一个很好的选择。

绝不失败！美味健康的酸奶 DIY

市面上的酸奶，通常为了防腐及口味，往往会添加过多的糖和凝固剂，无形中给身体添加了负担且售价也偏高。

自己动手做酸奶，只要一瓶鲜奶、一包品质优良的发酵菌粉，等待乳酸菌几个小时的卖力工作后，美味的酸奶就可以轻松完成！不仅省钱，又可依照自己的喜好挑选乳品及发酵菌粉，轻松做出自己喜爱的酸奶。

DIY 传统酸奶

自制传统酸奶大致分为"常温发酵"和"定温发酵"两种方式，各有其优缺点，大家可以找出最适合自己的制作方式。

· 常温发酵

做法最简单，只要将发酵菌粉和鲜奶充分混合，静置在室温中24～48小时即可完成。一般我们会选用在室温中可以发酵的常温菌种，如添加"克菲尔菌"或"酵母菌"。

长时间在开放式空间发酵，要注意不要让空气中的落菌污染酸奶。此外，当室温在单位时间内变化较大时，发酵时间会难以控制，就会影响酸奶成品的口感。

point

＊ 这几年，市面上出现了一些可以"零失误快速做酸奶"的半成品，只要将酸奶粉和鲜奶搅拌数分钟，马上就能享用。要特别注意这类酸奶粉的成分，除了乳酸菌之外，若含有大量的胶类、淀粉等添加物，则表示不是利用乳酸菌发酵原理制作的"健康真酸奶"，而是打着乳酸菌的名号，利用这些添加物能合成类似胶体的作用形成类似酸奶口感的"化学酸奶"。

菌种	最适生长温度
克菲尔菌	20～25℃
酵母菌	20～30℃
保加利亚乳杆菌	45～50℃
嗜热链球菌	40～50℃
嗜酸乳杆菌	35～38℃
比菲德氏菌	37～43℃

· 定温发酵

大多选用发酵能力佳的"保加利亚乳杆菌"及"嗜热链球菌"制作，发酵温度为40～45℃，因所需时间短加上温度稳定，做出来的酸奶无论品质或口感方面都较用常温发酵方式做出的酸奶品质佳。

常见定温发酵的方式就是选择一台温度稳定的酸奶机，如果不想另外购买酸奶机，也可以试试用传统电锅，利用保温的方式制作。不过，每台电锅保温程度不一，建议加购一台控温器，用来使锅内温度保持在40～45℃，这样就可以轻松做出品质好、口感佳的酸奶。

另外，市面很流行的低温恒煮机，也可以把温度精准控制在40～45℃，应用于酸奶制作。或是家中有焖烧锅的朋友，也可以试着先在焖烧锅外锅内注入少许热水，再用内锅装鲜奶加热至40～45℃，与菌粉充分混匀后，放回焖烧锅中，运用保温的方式也可以制作美味酸奶。

▶ 常温发酵及定温发酵的优缺点

	常温发酵	定温发酵
温度	24~30℃	40~45℃
发酵时间	24~48小时	6~12小时
菌种	克菲尔菌+酵母菌	乳酸菌
优点	·不需另购酸奶机	·发酵时间短 ·温度稳定，发酵品质佳 ·不易污染 ·口感较佳
缺点	·发酵时间长 ·容易被杂菌污染 ·口感酸涩	·需购买酸奶机 ·温度会影响发酵状态

DIY 希腊酸奶

希腊酸奶也被称为水切酸奶，是将发酵好的传统酸奶，再经过"过滤"步骤，滤掉水分（乳清），留下更扎实的固形物，常见做法如下：

·利用市售希腊酸奶盒

将传统酸奶直接放入希腊酸奶盒的滤网中，盖上盖子，放入冰箱冷藏12~48小时，将传统酸奶中的乳清滤除，滤网中过滤出的固形物即为希腊酸奶。

point

＊过滤时间越长，滤除的乳清越多，留下的希腊酸奶质地就越扎实，可依照个人喜好决定过滤时间。

·利用自制容器

准备滤纸、滤袋或豆浆袋，套在容器上（袋子较大时可使用橡皮筋或绳子固定滤袋），再将酸奶舀入滤袋中，盖上盖子或是封上保鲜膜，放进冰箱冷藏12～48小时。

*point*_____

* 要特别注意重复使用的滤袋或豆浆袋，使用前最好先用沸水烫过杀菌，避免污染酸奶。

梅森罐做法

滤网做法

不可不知！
酸奶制作六大关键

1. 器具需用沸水或酒精消毒杀菌

自制酸奶时的所有器具，洗净后务必保持干燥，最好用沸水烫过或放入消毒柜中进行消毒杀菌，以防器具不干净，导致杂菌污染影响酸奶品质。

2. 鲜奶以100%生乳为佳

挑选鲜奶时，要注意看包装上的原料成分，不要选用添加过多添加物的复原乳，以100%生乳制成的鲜奶最健康。

另外，鲜奶的新鲜度也会影响酸奶成品品质，因此鲜奶开封后最好立即使用，若鲜奶开封已久，甚至对口喝过，在未经适当杀菌状况下，也同样会有杂菌污染的问题产生，最好不要用。

鲜奶因保存不当导致的变质或变酸，会导致发酵失败。

3. 尽量不用部分自制酸奶当作菌种

菌种经过反复发酵，通常乳酸菌活性会下降，产乳酸能力会降低，造成发酵状态难以掌握，导致酸奶品质不稳定。加上保留菌种的过程中容易混入杂菌，甚至坏菌的含量会多于好菌，反而达不到让身体更健康的目的。

4. 使用不锈钢或耐热玻璃器皿较安全

酸奶发酵后微酸，pH值为4~5，若使用塑料或彩瓷材质的容器，可能会使有害物质析出，长期食用可能会影响健康，所以建议使用不锈钢或耐热玻璃器皿作为发酵容器。

5. 每次挖取时务必使用干净、干燥的汤匙

发酵酸奶时，最好采用分杯发酵的方式，取用时直接拿出一杯食用，不易有被污染的风险。若不方便采取此方式，用一个较大的容器进行发酵，建议每次挖取酸奶时使用干净、干燥的汤匙，才能避免被杂菌污染。

6. 保存期不宜过长

一般发酵完成的酸奶可以冷藏保存7~10天，如果反复挖取食用，建议尽量在7天内食用完毕，以免接触空气或餐具时，增加被污染、变质的机会。

酸奶保存过久，变为粉红色表示已被霉菌污染。

简单美味好菌多！酸奶五大妙用

健康美味的酸奶，除了可以直接食用外，还能给西点、各式料理及饮品增添风味，甚至也可以用来制作酸奶面膜。

1. 软化肉质，让肉类柔软、多汁

酸奶富含乳酸菌，可用于制作腌肉、腌鱼的腌料：加入少许酸奶，放入冰箱冷藏数小时后进行烹调，即可达到嫩化肉质的作用。

2. 让面包口感更松软

这几年很流行在面团中加入适量酸奶代替液体食材，虽然经过高温烘烤后乳酸菌基本失活，但在发酵的过程中，乳酸菌可以帮助发酵，进而让面团在发酵过程中内部形成较为细致的蜂窝组织，烘烤出来的面包口感就会较松软，也能增加面包的湿润度，延缓面包变得干、硬的速度。此外，酸奶清爽的酸味也能使点心更加爽口，吃起来无负担。

3. 健康低热量，取代蛋黄酱、酸奶油或鲜奶油

吃生菜沙拉时，以酸奶取代蛋黄酱调制沙拉酱，清爽的口感深受大家喜爱。而酸奶油和鲜奶油虽然美味，但过高的热量食用后也会给身体带来负担，建议使用水切希腊酸奶部分或全部取代，不仅美味不减，对人体的益处也会大大提升。

4. 天然美味无添加的酸奶饮品

利用酸奶或是乳清，加入新鲜水果打成果汁，也可以和碳酸饮料、酒一起调制，轻松制成健康、美味的饮品。

5. 自制酸奶面膜，打造水嫩肌

酸奶中富含的乳酸菌，是一种天然的弱酸性物质，具有类似果酸的功效，能促进肌肤新陈代谢、柔嫩肌肤。除了直接将酸奶敷在脸上10～15分钟外，也可将酸奶与绿豆粉混合成黏稠状敷脸，10～15分钟后轻轻搓揉脸部，有去角质的作用，后续依个人习惯进行清洁保养。

了解酸奶的营养价值，也学会酸奶的基本做法，更知道酸奶还有这么多的用途，那准备好跟着我们来体验酸奶的百变魅力了吗？

一起来动手试试吧！

Part 2

低卡美味!

酸奶抹酱 & 沙拉淋酱

传统沙拉酱主要成分是大量植物油、蛋黄和醋,将油脂和蛋黄充分搅拌均匀,就能做出基础的沙拉酱,再搭配不同配料,就能变化成各式口味。

用酸奶去替代传统高油脂的沙拉酱,除了会降低热量外,也可从中摄取钙质及乳酸菌,让你在享受美食之余,也不用担心发胖!

*point*_____

＊制作抹酱、沙拉酱时使用的希腊酸奶，建议至少过滤静置48小时以上，水分滤除越多，抹酱才不容易出水，也会更美味！

牛油果抹酱

希腊酸奶可以替代奶油乳酪、蛋黄酱等，可减少热量的摄入但仍有接近的风味和口感，利用这个特性我们可以做出不同风味的抹酱，最适合做成各种小点心了！

食材

中等大小牛油果...1个
柠檬...1/8个
希腊酸奶...70克
大蒜...1瓣
橄榄油...2小匙
黑胡椒碎...适量

做法

1 大蒜压成泥备用。将牛油果果肉挖出后放入容器中，加入希腊酸奶，撒上黑胡椒碎，挤入柠檬汁压成泥。

2 加入蒜泥、橄榄油调味拌匀。

Tuna Yogurt Spread

鲔鱼抹酱

鲔鱼富含蛋白质、EPA（鱼油的主要成分，具有帮助降低胆固醇和甘油三脂含量，促进体内饱和脂肪酸代谢的作用）、DHA（一种对人体非常重要的不饱和脂肪酸，是神经系统细胞生长及维持的主要成分）、脂溶性及水溶性维生素，营养丰富又容易购买，和蛋黄酱拌匀就是早餐三明治完美的馅料。用希腊酸奶代替蛋黄酱，减少了油脂、糖的摄入，营养不减还更健康！

食材

鲔鱼罐头...120克

希腊酸奶...70克

洋葱...30克

盐...2克

黑胡椒碎...适量

做法

1 将鲔鱼罐头挤干水分备用。加入剩余的材料。

2 搅拌均匀即为美味的鲔鱼抹酱。

Tzatziki

希腊黄瓜酸奶酱

这道浓稠的酸奶酱有着大蒜和香草的香气，大口吃下时还能品尝到爽脆的小黄瓜丁，光吃这个酱就很有满足感，可以作为面包的蘸酱，若配着炙烤肉串吃则让烤肉更显清爽，有着满满的异国风情。在家就能吃得到，快自己动手做起来吧！

食材

希腊酸奶...120克

黄瓜...1/2根

新鲜莳萝叶...1大匙

　※ 可用新鲜薄荷叶代替。

橄榄油...1/2大匙

大蒜...1瓣

柠檬...1/8个

黑胡椒碎...适量

做法

1　将黄瓜去皮后切丁，用盐（材料外）抓后挤干水分备用。

2　将新鲜莳萝叶切碎，将大蒜压成泥。倒入其他材料搅拌均匀即可。

酸奶荷兰酱

以奶油为基底的荷兰酱是班尼迪克蛋的灵魂，这个食谱用酸奶来替代奶油，一样有浓厚的口感，但更显清爽。

Yogurt Hollandaise

point

* 酸奶和蛋黄液加热时会显得有点稀，但放凉后就会变得比较浓稠。

食材

酸奶...200克

蛋黄...3个

柠檬（挤汁）...1/4个

第戎芥末酱...1小匙

盐...适量

胡椒粉...适量

做法

1 将蛋黄和酸奶混合均匀。

2 隔水加热至稍微浓稠，约15分钟。

3 放凉后加入柠檬汁、第戎芥末酱、盐和胡椒粉混合均匀。

YOGURT
Sauces

明太子酸奶抹酱

这道菜最适合作为派对上的前菜，是一道做法简单的宴客料理。

食材

明太子...15克

酸奶...30克

糖...10克

法棍面包...9片

烟熏鲑鱼...9片

柠檬片...9片

新鲜巴西利...适量

做法

1 明太子去膜后，加入酸奶和糖。

2 搅拌均匀备用。

3 在法棍面包切片上抹上明太子酸奶酱，铺上烟熏鲑鱼片、柠檬片与新鲜巴西利即可。

Part 3

饱足无负担！

酸奶元气轻食

　　食欲不振的炎炎夏天，来一盘爽口开胃番茄罗勒酸奶沙拉；正是野餐的好日子，携带方便又简单的美味蜂蜜酸奶餐包；想悠闲享受周末早午餐时，可制作酥脆焗烤白酱酸奶马铃薯。将酸奶加入各种料理中，不仅能增加饱足感，还能减少热量的摄入，美味度也会大提升！

豆香酥条佐韩式酸奶酱

晚上嘴馋时想吃的东西通常是炸物，但油炸食物热量很高。利用日式豆皮也可以做出酥酥香香的小零食，再蘸着辣辣的韩式酸奶酱就更美味了！

做法

1 将日式豆皮切成长条。

2 放入预热至150℃的烤箱，烘烤15分钟至酥脆。

食材

日式豆皮...2块
希腊酸奶...50克
韩式辣椒酱...1小匙
橄榄油...1小匙
日本七味粉...适量

3 将韩式辣椒酱、橄榄油、希腊酸奶和七味粉拌匀后搭配食用即可。

point

* 日式豆皮本身就经过油炸，用烤箱慢慢烤到酥脆，不用额外加油也有炸物的口感，再搭配蔬菜条一同食用就是一道不会给肠胃带来负担的消夜！

蜂蜜酸奶餐包

液种法又称冰种法，由于冰种面团经过长时间低温发酵后已充满活性，所以制作时发酵面团的时间也大大缩短，面包还会香气十足，而加入酸奶也会让面团更柔软且有营养，用这种方式做成的面包口感松软还有浓浓蜂蜜香，非常适合当作早餐或点心。

食材

[液种面团]

高筋面粉...190克

水...190克

　　※ 可全用乳清取代。

速发酵母...1克

[主面团]

高筋面粉...350克

原味酸奶...150~220克

　　※ 使用量视面粉吸水性调
　　整，并少量、分次添加。

糖...80克

蜂蜜...40克

速发酵母...5克

奶粉...15克

盐...6克

黄油...40克

　　※ 放置室温软化。

蛋黄液（鲜奶）...适量

做法

1 将液种面团全部材料混合均匀后，先在室温环境下放置1小时，再放入冰箱冷藏12～16小时。

2 将冷藏好的液种面团、主面团的全部材料（除盐、黄油之外）如图所示倒在台面上。

※先倒入150克原味酸奶，再慢慢增加至自己觉得适合的量。

3 搅拌成团后加入盐及化黄油，按揉至面团可抻出薄膜后揉成光滑的面团。

4 在面团表面覆上湿布或保鲜膜，醒发约20分钟。

5 分割面团（每个小面团约50克重），并依序搓圆。

6 进行最后发酵，发酵至原体积的2倍大时即可停止。在发酵好的面团表面刷上蛋黄液或鲜奶。

※也可使用水波炉的发酵功能，以35℃发酵约50分钟。

7 将面团放进预热至180℃的烤箱中，烘烤18～20分钟。出炉后移至散热架上放凉。

point

* 液种又名冰种，是将1：1的高筋面粉和水以及酵母总量20%的酵母搅拌均匀后，放进冰箱冷藏12～16小时，以低温慢速唤醒酵母的活性。发酵完成后的液种面团体积并不会长大多少，只是会出现一些泡泡，记得要在24小时内将液种面团用完，否则会使酵母失去活性。

焗烤白酱酸奶马铃薯

白酱是用黄油和面粉拌炒后加上鲜奶和香料所做出的浓郁酱汁，热量较高，现将部分材料替换为希腊酸奶，同样带有浓郁的口感和香气。

Baked Potatoes With
Yogurt Bechamel Sauce

point

* 马铃薯蒸熟或烤熟后皮很脆，挖取时要特别小心。
* 白酱可以用于各种焗烤食物的制作，淋在西蓝花和水煮蛋上一起焗烤也很美味。

食材

[白酱]

黄油...30克	丁香...适量
中筋面粉...50克	月桂叶...1片
鲜奶油...200克	
鲜奶...200克	马铃薯...4个
希腊酸奶...200克	培根...2~3片
胡椒枝...适量	比萨用起司...适量
盐...适量	香芹...适量
肉豆蔻...适量	

做法

1 制作白酱：另取一锅，开小火，放入黄油至完全化开后倒入中筋面粉慢慢炒香。

2 熄火，倒入鲜奶和鲜奶油，用打蛋器搅匀至没有颗粒。

3 再次开火，加入香料（丁香、月桂叶、肉豆蔻）和盐、胡椒枝调味，煮到自己想要的浓稠度后熄火。

4 待面糊稍微降温后，拌入希腊酸奶即为白酱。将马铃薯蒸熟或烤熟后，对切成两半并挖出马铃薯肉，并压成泥，用黄油、盐和胡椒粉（材料外）调味。培根切丝或切丁，放入锅中慢慢煸干至酥脆。

5 将调味后的马铃薯泥舀回马铃薯皮中，淋上适量酸奶白酱，再加些比萨用起司，放进预热至200℃的烤箱中，烤至表皮金黄。最后撒上培根酥和香芹碎即可享用。

迷你饺子皮比萨

嘴馋时，花15分钟的时间就能帮自己准备好营养丰富又可口的点心。咸香的葱花、酸爽的泡菜，配上烤得香香酥酥的饺子皮，中间是滑润、香浓的希腊酸奶，多层次的口感你一定会爱上！

食材

希腊酸奶...160克   盐...1/2小匙

饺子皮...8片   橄榄油...1/2小匙

葱花...30克   泡菜...适量

做法

1 将葱花、盐和橄榄油拌匀备用。烤箱预热至180℃。将饺子皮放在烤盘上，均匀涂上橄榄油（材料外）。

2 在每片饺子皮上放上约20克的希腊酸奶。

3 在其中4片上铺上泡菜，另外4片撒上步骤1的葱花盐。

4 放进预热好的烤箱烤至金黄（10～13分钟）。

※每台烤箱的功率不同，请依照自己的烤箱调整时长。

*point*_____

* 建议使用滴滤24小时以上的希腊酸奶，这样才不会因水分过多让面皮变得湿软，影响口感。

咖喱鲜虾芦笋沙拉

这罐沙拉含有优质蛋白质、满满的蔬菜，还有口感香滑的好吃酸奶酱，是春游、野餐时非常推荐的一道轻食。

营养特色

鲜虾富含蛋白质又低热量，而芦笋、番茄、生菜有丰富的维生素及矿物质，利用酸奶代替沙拉酱除了可以减少热量摄入，还可以增加钙质摄取，再利用含有姜黄抗氧化成分的咖喱调味，营养均衡又高纤，可当点心也可作为正餐，怎么吃都舒爽。

食材

[咖喱酸奶酱]

酸奶...100克

蛋黄酱...1大匙

咖喱粉...1/2大匙

第戎芥末酱...1/4～1/2小匙

洋葱泥...1大匙

蜂蜜...1大匙

[沙拉]

芦笋...适量

※若过了产季，可以换成四季豆。

小番茄...适量

生菜...适量

虾仁...12个

※去头、去壳，为了菜品的美观性
可以保留虾尾。

point

* 不要在玻璃罐中塞太多生菜，留适量空间方便翻动所有食材。

* 做瓶装沙拉时，不易出水、变软的材料要放在最底层。

* 因为配料中有海鲜，做好后要尽快冷藏，带出门也要注意保鲜及尽快食用。

做法

1 虾仁烫熟后冰镇，芦笋烫熟后切段、冰镇。

2 将咖喱酸奶酱全部材料拌匀。

3 倒进玻璃罐中。

4 依序放入小番茄、虾仁和芦笋，最后放入生菜。盖上瓶盖，放进冰箱，春游、野餐出门时再取出。享用时先把罐子倒放，让所有材料均匀蘸上酸奶咖喱沙拉酱后再开盖食用。

番茄罗勒酸奶沙拉

番茄、罗勒、橄榄油一直是经典绝搭组合，加入酸奶后更加清爽。
这道菜做法简单又受欢迎，很适合作为宴客的开胃菜。

食材

彩色小番茄...500克　　法棍面包...80克
大蒜...1瓣　　　　　　希腊酸奶...50克
罗勒叶...1把　　　　　盐...1/2小匙
葵花子... 1大匙　　　　黑胡椒碎...适量
橄榄油...1.5大匙

做法

1 将烤箱预热至180℃。将法棍面包切成小块，淋上1大匙橄榄油，撒些盐、黑胡椒碎拌匀后，放入烤箱，以180℃烘烤10分钟。

2 彩色小番茄洗净，对切成两半。

3 大蒜去皮后切末、罗勒叶洗净后备用。盘中放入彩色小番茄、罗勒叶，淋上剩余橄榄油、蒜末、盐和黑胡椒碎，拌匀后加入面包块，撒上葵花子，舀几匙希腊酸奶即可。

营养特色

以橄榄油和蔬果结合而成的地中海饮食，很受现代营养学推崇。这道沙拉融合橄榄油、番茄、罗勒、大蒜、葵花子和酸奶，是一道清爽又有饱腹感的地中海风料理。

point

* 彩色番茄风味鲜明，很适合用来做这道沙拉，如果买不到彩色番茄，用普通小番茄也可以。

玉米片佐辣味番茄莎莎酱

自己做莎莎酱既简单又可依个人喜好调整口味。"是拉差酱"（美式餐饮行业中所使用的主要辣椒酱品牌之一）本身含有糖、大蒜等成分，除了可用来当辣味基底，吃起来带点甜味，调成莎莎酱很适合，与一匙希腊酸奶相调和，整体风味更温和。

玉米片...1包
番茄...1个
紫洋葱...1/4个
小葱...1根

[调味料]
是拉差香甜辣椒酱...1/4~1/2小匙
糖...1/2小匙
盐...1/4小匙
黑胡椒...适量
柠檬...1/4片
希腊酸奶...1大匙

营养特色 ————

又香又脆的玉米片是热量较高的零食，若搭配富含茄红素的番茄、含硫化物的洋葱丁及高维生素C的柠檬汁，就能提升抗氧化力，变身一道营养美味的开胃小点。

做法

1 番茄洗净后对切成两半，挖去番茄子，切成约1厘米见方的细丁。将紫洋葱切丁，泡在冰水中备用。葱切碎。

2 取一小碗，放入番茄丁、葱花、沥干水分后的洋葱丁，加入所有调味料搅拌均匀，搭配玉米片享用。

point ————

* 目前调出来的酱料是比较温和的口味，如喜欢酸一点，就多加些柠檬汁；如果想要辣一点，辣椒酱就多放些，如果不敢吃辣，就省略辣椒酱。
* 是拉差香甜辣椒酱较辣，建议大家根据个人口味少量、慢慢加入。

YOGURT
Light
Meals

鲜果酸奶三明治

新鲜水果搭配酸奶的酸甜滋味，一起夹入三明治中，每一口都尝得到鲜甜与清新，很适合当作下午茶点心。

[草莓三明治]
草莓...4个
希腊酸奶...100克
炼乳... 1大匙
吐司...2片

[绿葡萄三明治]
绿葡萄...8粒
希腊酸奶...80克
蜂蜜...2小匙
吐司...2片

做法

1　将水果洗净，草莓去蒂，用厨房纸巾将水分擦干备用。将草莓对切成两半。取2片吐司，依图所示分别放上草莓、绿葡萄。

2　将炼乳与希腊酸奶、蜂蜜与希腊酸奶分别混合均匀，各装入裱花袋中，在吐司上水果空隙处用裱花袋挤出酸奶。

3　盖上第2片吐司，小心地切去吐司边；再慢慢地从斜对角切两刀，把吐司切成4个小三角形即完成水果三明治。

point

* 先在吐司上码好水果、挤上酸奶，再切去吐司边，可以通过切边、按压的过程，让水果与酸奶紧密粘在一起，做出来的三明治不易松散。
* 希腊酸奶除了用炼乳、蜂蜜混合调味，也可以加入其他果酱，甜度可依照搭配的水果自行调整。
* 记住一个小诀窍，就可以做出切面美观的水果三明治：码放水果时，先想好切线，只要将水果码放在切线上即可，除了三角形，也可以切成正方形的三明治。

营养特色

水果中的纤维素及果胶也是益生菌喜欢利用的营养来源！所以利用水果和酸奶做成的三明治馅，不仅清爽可口，还有助于消化道健康。

蔓越莓酸奶烤谷麦

用酸奶代替部分油脂，烤出来的谷麦多了微酸的酸奶味，口感发黏，搭配鲜奶或酸奶食用，就是清爽的早餐，也可以当点心直接食用。每当我有烤谷麦时，我家小孩都会装些带到学校当点心享用。

食材

黑麦片...1杯　　　　　酸奶...2大匙

坚果...1杯　　　　　　枫糖浆...4大匙

奇亚籽...1大匙　　　　椰子油...1/2小匙

蔓越莓干...1/2杯

做法

1 烤箱预热至160℃，在烤盘上铺上烘焙纸。将较大粒的坚果切碎，与黑麦片一起放入烤盘。倒入酸奶、枫糖浆和椰子油全部混合，使坚果、黑麦片都沾裹均匀。

2 放入预热后的烤箱烤10分钟后取出烤盘，加入奇亚籽，将烤盘中的谷麦类食材翻拌一下，再放回烤箱续烤10分钟。

3 烤至谷麦类食材呈现金黄色即可取出烤盘，完全放凉后，加入蔓越莓干拌一拌，倒入密封罐中保存。

营养特色

谷麦类食材含有丰富的膳食纤维、矿物质和维生素，但市售谷麦类食材常为了口感而添加过多的添加剂及油脂。这道蔓越莓酸奶烤谷麦，利用酸奶代替部分油脂降低油腻感，增加钙质摄取，再搭配富含花青素的蔓越莓，对女性而言是一道兼具口感及营养的小零食。

point

＊ 食谱中使用的谷麦类食材有：黑麦片、核桃、葵花子、奇亚籽和蔓越莓果干，都可以换成自己喜欢的种类。

＊ 我喜欢在烤谷麦中加入椰子油，它的气味可以给食物增添香气，如果不喜欢椰子油，也可以用其他油代替。

起司马铃薯可乐球

将传统可乐饼改成圆球形，加入迷迭香与酸奶调味，让马铃薯泥增添香草的清新滋味与绵密口感；中间的夹馅是马苏里拉起司，趁热食用还会拉丝哦！

point

* 将马铃薯切成小块，可减少蒸熟所需的时间。
* 新鲜迷迭香也可用1/4小匙的干燥迷迭香代替。
* 炸薯球时，用中小火慢慢炸至颜色转金黄时便取出，避免起司过热并在锅中爆浆。

食材

马铃薯...3个
希腊酸奶...3大匙
盐...1/2小匙
黑胡椒碎...少许
大蒜...1瓣
新鲜迷迭香...1支

块状马苏里拉起司...1块
鸡蛋...1个
面粉...适量
面包糠...适量
油...适量

做法

1 马铃薯去皮后切小块，装进碗中，放进电锅蒸至可用叉子压碎的程度，约20分钟。

2 将大蒜去皮后捣成泥，迷迭香取叶，连同盐、黑胡椒碎和希腊酸奶一起加进马铃薯泥中，混合拌匀。

3 将马苏里拉起司切成1～1.5厘米见方的丁状，包进马铃薯泥中，每颗薯球重量约为40克。

4 将鸡蛋搅成蛋液。准备3个碟子，各放入面粉、搅散的蛋液和面包糠。将薯球依序沾裹上面粉、蛋液和面包糠。

5 起油锅，当油温达到180℃时，放入薯球，以中小火炸至呈金黄色，捞出后放在厨房纸巾上吸油，盛盘后即可享用。

免揉面包

无糖、无油、所用食材种类较少，用低温发酵的方式，就能烤出香气十足、味道纯粹的美味面包！

食材

高筋面粉...150克
酸奶...120克

速发酵母粉...2克
盐...2克

做法

1 将全部材料放入容器内，拌匀后和成团。盖上盖子，放入冰箱冷藏12～18小时以上。取出面团，置于室温约30分钟，轻轻排出空气并简单整形、收口。取一张烘焙纸，撒一些手粉，将面团置于烘焙纸上后放回容器内。

2 将面团进行二次发酵，发酵至1.5～2倍大小即停止，需60～90分钟。在发酵的最后20分钟，可先将铸铁锅盖上盖置于烤箱内，以230℃烘烤20分钟。

3 将铸铁锅从烤箱取出，面团连同烘焙纸一同放入锅内，可在表面撒少许面粉。

4 烤箱温度设为230℃，将铸铁锅（含盖）送入烤箱烘烤20分钟，打开锅盖，续烤10分钟。出炉后放凉即可。

自制香料起司酸奶球

利用希腊酸奶、橄榄油及香料做成的起司酸奶球，除了含有酸奶的营养外，也适合涂抹在面包、三明治等轻食料理上，还可撒一点辣椒粉增添风味！

point

* 不同酸奶的水分含量并不相同，可自行酌量调整用量。
* 无添加防腐剂，建议少量制作，尽快食用完毕。
* 剩余的橄榄油也适合拌炒意大利面。

希腊酸奶...适量

意大利香料...适量

月桂叶...1片

新鲜迷迭香...1根

橄榄油...80~100克

海盐...适量

[器具]

玻璃罐...1个

滤纸...2~4张

做法

1 将滤纸放入容器中，可放2张滤纸，加速沥干水分。倒入希腊酸奶，注意不要将滤纸碰到容器底部的乳清。放进冰箱冷藏，可每隔8~12小时更换滤纸，至少滴滤48小时以上。

2 手洗净，取出已凝固的酸奶球，并用掌心把酸奶搓成小圆球。

※ 不要搓太大，方便入味。

3 另拿一个干净玻璃罐，先倒入部分橄榄油、意大利香料、海盐、月桂叶和新鲜迷迭香，再放入起司酸奶球，最后倒入橄榄油没过表面。放进冰箱冷藏5~7天。

巴沙米可醋香料起司酸奶沙拉

利用自制的起司酸奶球，加入沙拉，是一道夏日必学的美味轻食料理。

食材

起司酸奶球 ...适量
综合生菜、水果...1份
巴沙米可醋...适量
面包片...适量

做法

准备喜爱的生菜、水果，洗、切后沥干水分。食用时，拿一双干净筷子，夹取适量的起司酸奶球涂抹在面包片上。最后淋上巴沙米可醋即可。

万圣节比萨

可爱又搞怪的万圣节比萨，适合与小朋友一起动手做。

[面团]
中筋面粉...140克
酸奶...90克
速发酵母粉...2克
糖... 10克
盐...10克

白色起司片...2～3片
黑橄榄...适量
番茄酱...2大匙

做法

1 将制作面团所需的全部食材先放入容器内，搅拌均匀成无粉粒团状，手揉约5分钟。

2 铺上保鲜膜或湿布，置于30℃或温暖处发酵50分钟。

3 把面团分割成3个单个重量约80克的小面团，依序搓圆，静置10分钟。

4 将面团轻压排气后，擀成圆形，并用叉子在表面戳洞。

5 取少许番茄酱，均匀涂抹在饼皮上。黑橄榄可先用小刀切出所需的形状，起司片切成细条备用。将烤箱预热至200℃。

6 将饼皮放入烤箱中烤约7分钟即可取出。在比萨上铺上起司丝做造型，再次放入烤箱，烘烤1~2分钟，起司丝略微融化即可。用黑橄榄做装饰。

point

* 面团可以多做一些，擀平后冷冻保存，食用时，退冰后放入烤箱烘烤即可。
* 在面团中加入酸奶，虽然经过高温烘烤，乳酸菌都已失活，但在面团的发酵过程中，乳酸菌却可以帮助面团发酵，并增加面团的柔软度及保湿度，让你不使用添加物，也可以烤出好口感的面包，享受酸奶发酵带来的独特风味。

营养特色

将起司和酸奶应用在料理中，除了能给料理带来清爽的口感，更可以让孩子吃到丰富的钙质，是妈妈们一定要学会的有助于孩子长高的料理。

简单揉贝壳刈包

特色小吃刈包，在家也可以轻松做出，利用简单的小道具，让刈包多个变化，更能增添乐趣！

食材

高筋面粉 ...200克　　　　糖 ...10克

酸奶 ...110～120克　　　　油 ...5克

速发酵母粉 ...2克

做法

1 将全部材料放入容器内，
搅拌均匀后揉成面团，手揉
约5分钟。覆上保鲜膜或湿
布，静置10分钟。将面团分
割成6等份（单份面团重量
约55克），依序搓圆。

2 铺上保鲜膜或湿布，再静
置10分钟。将面团轻压排气
后，擀成椭圆形。在表面薄
涂一层橄榄油（材料外），避
免对折时面皮相互粘在一起。

3 对折后放在防粘纸上，可
用刮板稍微用力压在表面形
成压痕。

4 将两端向内对折粘合，置于
30℃或温暖处发酵40分钟。

5 用冷水大火蒸15分钟，倒
数5分钟时转小火。蒸好后，
可以夹些卤好的五花肉、花
生碎、香菜等一块享用。

point

＊蒸锅边缘处可放一根筷子，留
缝隙让空气流通，蒸出来的刈包
表皮会较光滑。

Part 4

美味秒杀!

酸奶主食 & 配菜

快点用酸奶丰富我们餐桌吧!
酸奶不仅可以直接食用,还可以应用
在料理制作之中,其富含的多种乳酸活菌,
可以腌渍各种食材,软化肉质,让口感变得
更柔嫩,腌渍的蔬菜别有一番独特风味!

球芽甘蓝是这几年逐渐被大众接受的十字花科蔬菜，其小叶球的蛋白质含量高，居甘蓝类蔬菜之首，维生素 C 和微量元素硒的含量也相当丰富，是高营养价值的蔬菜。

蒜味鳀鱼炒球芽甘蓝

球芽甘蓝本身带有微微的苦味，如果加热时间过长苦味会更明显；在这道料理中，把球芽甘蓝切成细丝，用快炒的方式烹调，裹着大蒜和鳀鱼的咸香、爽脆的口感和本身的甘甜，很适合当肉类主食的配菜！

食材

球芽甘蓝 ...300克

大蒜...2瓣

油渍鳀鱼...4片

橄榄油...1大匙

酸奶...1大匙

黑胡椒碎...少许

做法

1 球芽甘蓝洗净，切成薄片，剥开即成细丝；大蒜去皮后切片。

2 炒锅开中火，倒入橄榄油，将蒜片与鳀鱼炒出香气后，放入球芽甘蓝一起拌炒约2分钟后熄火。最后加入酸奶，撒些黑胡椒碎拌匀。

蘑菇小葱酸奶烘蛋

用蒜片、小葱、蘑菇与番茄炒料，还没完成就闻到浓浓的扑鼻香气！以酸奶替代制作烘蛋时常使用的鲜奶油，可减少热量的摄入但美味不减。一口咬下，可以尝到番茄的酸甜、小葱的香气、蘑菇的多汁、栉瓜的清甜，当早餐食用非常享受。

食材

蘑菇...10个

小葱...1根

小番茄...10个

栉瓜...半根

鸡蛋...6个

酸奶...3大匙

盐...1/4小匙

大蒜...1瓣

切达起司...适量

做法

1 将小葱、小番茄、蘑菇和栉瓜洗净，小葱切末，小番茄、蘑菇对切成两半，栉瓜切成约1厘米厚的片，大蒜去皮后切片备用。铸铁平底锅加适量油（材料外），放入蒜片、葱花与蘑菇，中小火炒至蘑菇出水后，加入番茄一起拌炒至软熟。

2 加1小撮盐调味（材料外）。鸡蛋打入碗中，加入酸奶与1/4小匙盐，搅拌均匀，倒入铸铁锅中。烤箱预热至200℃。

3 表面铺上栉瓜片，磨些切达起司屑后，放入烤箱。以200℃烤15分钟至蛋表面凝固、呈金黄色即可。

point

* 制作时我用的是直径为19厘米的平底锅，食材分量刚刚好，如果是用其他尺寸的锅，请自行增减食材分量；如果没有铸铁平底锅，也可以用可放入烤箱的容器，如：珐琅材质的烤盘、铝箔烤盘、耐高温陶皿等。

* 起司屑可随个人喜好添加，能为烘蛋增添咸味与乳香味，如果起司加得多，记得食材的使用量也要适度减少，才不会过咸。

酸奶糖醋酱烤菜花

我的孩子很喜欢吃烤菜花，"烤"的方式不仅可以锁住蔬菜的风味、更能凸显它本身的甜味，加了酸奶的糖醋酱使整道料理的风味更温和；用烤箱做料理，少油烟、不用洗锅，做菜更轻松！

营养特色

十字花科的菜花富含抗癌化合物、维生素 C，搭配同样具有高抗氧化力的葱、蒜，佐以特调的酸奶糖醋酱，可以让不爱吃蔬菜的孩子们胃口大开，不再抗拒吃有高营养价值的菜花。

食材

菜花...1个
酸奶...3大匙
番茄酱...3大匙
糖...1小匙
酱油...1大匙

白醋...1/2小匙
油...1大匙
大蒜...3瓣
葱...1根

做法

1 烤箱预热至180℃。将菜花仔细洗净，切小块；大蒜、葱切末备用。

2 调制酸奶糖醋酱：将酸奶、番茄酱、糖、酱油和白醋混合，搅拌均匀使糖融化，倒入蒜末中备用。

3 烤盘内铺上烘焙纸，放入菜花和油，搅拌至菜花均匀沾裹油脂，放入预热至180℃的烤箱烤10分钟。

4 烤好后，取出烤盘，倒入酸奶糖醋酱，让菜花均匀沾裹酱汁，放回烤箱，继续以180℃烤10分钟，直到酱料变浓稠。上桌前，撒些葱末增添香气，也可依喜好撒些黑胡椒。

※ 每台烤箱烤温不同，若用180℃烤会烤焦，则可调为用160~170℃试试；用低温烘烤时，时间再延长5~10分钟。

和风芝麻小黄瓜

夏日凉拌小菜，用基本的料理手法，不用等待小黄瓜入味，马上就能享用。

食材

小黄瓜...2根
盐...适量

[调味料]
酸奶...2~3大匙
芝麻酱...1小匙
味醂...1小匙
昆布酱油（淡酱油）...1大匙
糖...1小匙
白芝麻...适量

做法

1 小黄瓜洗净后，切成约1厘米宽的大片，撒些盐腌渍5分钟后，用清水洗净备用。

2 将调味料搅拌均匀。小黄瓜简单摆盘，淋上调味料即可上桌享用。

point

* 小黄瓜撒盐后容易出水，建议上桌前再淋上酸奶芝麻酱。
* 酸奶芝麻酱也适合当成凉面的酱汁。
* 将芝麻酱换成味噌，也相当美味。

酸奶味噌渍野菜

在用途广泛的味噌中加入酸奶，不但能调整味噌的咸度，还能腌渍蔬菜，也很适合当蘸酱使用。

食材

酸奶...100克　　白萝卜...数片

味噌...150克　　洋葱...半个

小黄瓜...1根　　糖...1大匙

南瓜...3片　　盐...适量

做法

1　小黄瓜、白萝卜洗净后，撒些盐，稍微搓揉静置10分钟，腌出水后用清水洗净，用厨房纸巾擦干。洋葱切成瓣状。南瓜切成片状，用微波炉加热40秒备用。

2　制作酸奶味噌酱：将酸奶、味噌和糖放入容器中搅拌均匀，先尝试咸度，若不够可再添加盐。将小黄瓜、白萝卜、洋葱和南瓜放入容器中搅拌，使食材表面黏附酸奶味噌。冷藏至少4小时。食用时用干净筷子夹取，可用清水冲去表面的酸奶味噌，避免太咸。

营养特色 ——————

每天喝适量酸奶是保加利亚人长寿的秘诀，而每天吃适量味噌是日本人长寿的秘诀，两种食物的共通点就是富含乳酸菌，所以利用酸奶和味噌来共同腌渍蔬菜，可补充益生菌，是一道健康饮食。

point——————

* 类似的腌渍手法适合其他根茎类食材，若有水分析出为正常现象。

* 可重复使用2~3次，剩余的酸奶味噌还可以煮成汤或是腌肉片。

香根牛肉丝

利用酸奶富含的多种乳酸活菌，可以软化肉质，并使肉类口感变得更加柔嫩。

食材

牛肉丝...150克	**[腌料]**
香菜梗...1大把	酸奶...1大匙
大蒜...2瓣	酱油...1大匙
辣椒...适量	糖...1小匙
酱油...1大匙	米酒...1大匙
油...1大匙	

做法

1 大蒜、辣椒分别切末备用。将牛肉丝与腌料放入容器内，搅拌均匀后放进冰箱冷藏30～60分钟。

2 起油锅，小火爆香蒜末、辣椒末。炒出香味时，放入牛肉丝拌炒至8分熟，再放入香菜梗、酱油拌炒即可盛盘。

point

＊记得最后要用大火拌炒，香菜梗口感才会脆。

YOGURT
Main & Side
Dishes

坦督里烤鸡腿

色泽明亮、香气浓郁的坦督里烤鸡是一道印度料理。用香料和酸奶一起腌制一晚的鸡腿，肉质柔软、香气和咸味都渗进肉里，烤的时候厨房里满满的咖喱香气，非常诱人。烤好的鸡腿搭配姜黄饭一同食用是更地道的吃法喔！

食材

鸡腿...7个

[腌料]

盐...1.5大匙   大蒜...4瓣（压泥）

咖喱粉...2大匙   柠檬...1个

红椒粉...1大匙   酸奶...300克

做法

1 将鸡腿用叉子戳几个洞，较容易入味。

2 将腌料中的盐、咖喱粉、红椒粉、蒜泥搅拌均匀，挤入柠檬汁。

3 倒入酸奶后搅匀，淋在鸡腿上腌制一晚。

4 从冰箱中取出后放入预热至190℃的烤箱，烘烤约35分钟。

※ 根据鸡腿大小以及烤箱功率调整时间与温度。可以用竹扦戳进肉较厚处，若流出透明汁液就代表熟了。

point

＊ 烤的时候不用将腌料抹去，如果是用鸡翅，记得将鸡翅尖端用铝箔纸包住，以免烤焦。

烟熏红椒风味酸奶烤鸡翅

酸奶真是很神奇的东西，用它来制作咸味料理时，尝不出其中的酸奶味，还能让食物变好吃。这道烤鸡翅用酸奶作为基础调味料，搭配烟熏红椒粉等其他调味料，烤出来的鸡翅色泽金黄、口感软嫩，烟熏红椒味更是让整屋充满香气！

食材

鸡翅（二节翅）...600克

[腌料]

酸奶...4大匙	盐...1小匙
烟熏红椒粉...1大匙	柠檬...1/4个
大蒜...2瓣	蜂蜜...2大匙

做法

1　大蒜去皮后拍碎，柠檬挤汁，将腌料所有食材放入碗中，混合均匀。

2　如图所示，在鸡翅上划一刀，方便腌料入味。

3　将混合好的腌料倒在鸡翅上，抓拌均匀，让鸡翅浸泡在酱汁中，放进冰箱腌渍4小时以上。

4　烤箱预热至180℃。取一个烤盘，铺上烘焙纸，将腌好的鸡翅整齐地排在烤盘上，放入烤箱下层，以180℃烤至表面金黄、肉熟，约烤18分钟。

point

＊烤鸡翅时，若烤箱内温度不均匀，可中途将烤盘取出调整方向，这样可使每个鸡翅的色泽都很均匀，不易烤焦。

＊若是选用土鸡翅，因肉较多，需要烤的时间也会较长，请视情况延长烘烤时间。

＊腌料时，可先尝味道，如果想让成品风味更酸，可多加些柠檬汁，或是烤好上桌时，切几片柠檬，用餐时依喜好添加。

＊熏红椒粉可从超市购买，建议选烟熏味的，香气会比纯红椒粉浓。

橙汁酸奶烧羊小排

橙汁的清香可去除羊肉的腥味，使用酸奶腌渍羊小排，可使肉质软化，最后添加迷迭香一同烧煮，就是一道让人口齿留香的羊肉料理。

point

＊ 刨柳橙皮时，注意不要刨到橙皮上的络，否则会使汤汁带苦味。

食材

羊小排...500克	大蒜...6瓣
柳橙...3个	迷迭香...1支
酸奶...3大匙	盐...适量
紫洋葱...1个	油...适量

做法

1 使羊小排均匀裹上酸奶，放进冰箱冷藏腌渍至少4小时至隔夜。将1个柳橙的皮刨下备用，再将全部柳橙都切半后挤汁。洋葱切成8等份，大蒜稍微拍碎。

2 取出腌渍好的羊小排，在两面撒些盐。取一口深煎锅，倒入适量的油，烧热后放入羊小排，两面各煎2分钟后夹出待用。

3 在锅中放入紫洋葱、大蒜炒出香气后，倒入柳橙汁、柳橙皮、迷迭香，用中小火拌炒至汤汁煮沸。

4 放回羊排，收汁（不用全收干，保留1/3汤汁）。起锅盛盘，将煮软的洋葱垫底，放上羊小排，淋上橙汁，另可加入新鲜的洋葱丝、柳橙片和少许迷迭香增色。

茄汁酸奶鲜虾笔管面

制作这道料理时省时又方便。只要备好材料，全部放入锅中，十多分钟就能有好吃的笔管面可以享用，适合没时间做饭的人学习，在露营时烹煮也相当方便。

食材

白虾...5个   酸奶...40克

小番茄...15个   盐...1小匙

罗勒...10克   水...200克

黑胡椒粒...1小匙   笔管面...100克

大蒜...1瓣   起司粉...适量

番茄酱...60克

做法

1 将小番茄洗净后，对切成两半；大蒜去皮后切片。

2 白虾用剪刀剪去虾须，剖背后去虾线。将酸奶、番茄酱混合均匀。

3 取一口深锅，放入笔管面、小番茄、罗勒、蒜片、黑胡椒粒和盐，倒入混合好的酸奶番茄糊，加水。

4 盖上锅盖煮约10分钟后，开盖，放入白虾。

5 再盖上锅盖煮3~5分钟至虾熟。煮好盛盘上桌，可撒些黑胡椒、起司粉一起享用。

泰式风味酸辣拌面

很多人在炎热的夏天都会吃爽口、开胃的料理，快试试这道泰式风味拌面！

食材

紫洋葱...1/4 个

四季豆...6 根

猪五花肉...5 片

面条...1 人份

花生米...少许

香菜...少许

辣椒...1 根

[酱汁]

酸奶...1 大匙

鱼露...2 大匙

姜...1 瓣

糖...1/2 小匙

柠檬...1/4 片

大蒜...1 瓣

做法

1 将大蒜去皮后切末，姜磨成泥，柠檬片挤汁，辣椒切小片，香菜择下叶子，洋葱切细丝，四季豆切段备用。

2 调制拌面酱汁：取一小碗，倒入酸奶、鱼露、柠檬汁、姜泥、糖和蒜末，搅拌均匀即可。

3 取一汤锅，倒入适量水，煮沸后倒入面条，煮至快熟前 1 分钟放入四季豆一起煮。

4 煮面的同时，取一口平底锅，中火烧热后，直接放入猪五花肉片，煎至两面金黄夹起备用。煮好面后，连同四季豆一同捞起沥干，放入大碗中，倒入拌面酱汁、肉片、洋葱搅拌均匀。上桌前，撒些香菜、花生米和辣椒片即可享用。

point

* 面条可使用任何自己喜欢的面条，按照包装袋上的煮面时间煮。

* 煎肉片时，因猪五花油脂较多，不需另外加油；拌面时，五花肉的油脂可为拌面增添香气。

鲔鱼酸奶青酱螺旋面

传统的青酱是用大量的橄榄油来制作，这道料理我用酸奶取代青酱中的橄榄油，与香菜一起搅打，青酱的味道会更加清新！

营养特色

鲔鱼是食物中含有DHA最多的食物，可补充蛋白质及 ω-3 脂肪酸。利用酸奶取代含油脂青酱，搭配有营养的鲔鱼，是适合成长发育期孩子的一道美味料理。

食材

螺旋面...200克（2人份）　[青酱]
鲔鱼罐头...1罐　香菜...10克
四季豆...1把（约8根）　酸奶...50克
起司粉... 20克
核桃...40克
大蒜...1瓣
盐...1/4小匙

做法

1 将四季豆洗净后择去丝，切小段备用。将香菜洗净后择下叶，同制作青酱所需的其他材料一起放入食物料理机中。

2 搅打至食材混合均匀且变得顺滑，装入碗中备用。将锅中水烧开，加入适量盐（材料外），放入螺旋面。

3 在面煮熟前2分钟，放入四季豆一起煮。

4 面煮熟后沥干，保留几匙煮面的水。将鲔鱼加入面中，倒入青酱，加1~2汤匙煮面水，拌匀即可。

point

* 煮好面时，煮面水不要立刻倒掉，一定要留几汤匙，加在意面中，既可以帮助酱汁乳化，也可增加酱汁的稠度。

俄式炖牛肉

这道俄式炖牛肉有着浓郁的香气和丰富的口感，最适合淋在奶油饭或鸡蛋宽面上一起享用。制作传统的俄式炖牛肉时使用酸奶油，因为不易购买，试试看用希腊酸奶，一样美味不减哦！

食材

牛肋条...600克	面粉...50克	[腌料]
黄油...50克	鸡高汤...500克	蒜泥...1小匙
洋葱...1个	百里香...1/2小匙	红椒粉...1小匙
蘑菇...200克	希腊酸奶...150克	洋葱粉...1小匙
大蒜...3瓣	油...适量	盐...1/2小匙
		胡椒粉...1小匙

做法

1 牛肋条切丁后用腌料拌匀。洋葱切丁，蘑菇切薄片，大蒜切碎备用。

2 锅烧热后，倒一点油，将牛肋条丁煎至表面上色后盛出备用。

3 用锅内剩余的油将黄油化开后，倒入洋葱丁、蒜末炒至透明，放入蘑菇片炒软。

4 倒入面粉拌炒均匀后，倒入鸡高汤和百里香一起炖煮。

5 再放进牛肉炖煮至肉质软嫩、汤汁浓稠。

6 最后加入希腊酸奶搅拌均匀即可盛盘享用。

营养特色 ————————

牛肉富含维生素 A、B 族维生素和铁质，适量食用可以预防贫血；牛肉中的氨基酸因容易被人体吸收，是生长发育时很重要的营养来源。

YOGURT
Main & Side
Dishes

酸奶肉酱千层面

用酸奶直接替代千层面中常用的白酱，除了省去煮白酱的时间，也能吃得更健康，整体风味也不错！

食材

千层面...5片

牛肉馅...300克

西芹...1根

胡萝卜...半根

洋葱...半个

番茄酱...60克

水...200克

油...1大匙

盐...1/2小匙

酸奶...180克

起司丝...60克

做法

1 将西芹、胡萝卜切成约2厘米见方的小丁状，将洋葱切碎。

2 取一口深锅，倒入油，将洋葱炒软后加入牛肉馅拌炒至变成白色。

3 加入胡萝卜丁、西芹丁、番茄酱和水，粗略翻拌均匀，盖上锅盖，转小火慢煮30分钟，煮好后加盐调味。

4 烤箱预热至200℃。取一个烤皿，挖几匙步骤3的混合物与酸奶铺满烤皿底部。

5 放一片千层面，挖2大匙酸奶涂满整片千层面，铺上肉酱、撒10克起司丝。

6 重复步骤5，直至铺好5片千层面，最上层表面涂一层酸奶，铺上起司丝。

7 放入烤箱烤至表层起司呈金黄色，约20分钟。出炉后，将千层面静置5分钟后再享用。

point

* 千层面不需预煮，可直接烤。
* 每片千层面表面都要涂满一层酸奶，尤其是四个角落都要涂，这样才可以将千层面烤软。

Part 5

营养丰富、滑顺好喝！

营养又温暖人心的料理，使用当季的蔬果，与酸奶相搭配，营养均衡又有满满香气，成了色香味俱全的健康汤品与饮品。

想要做一些有异国风味的特色饮品，土耳其酸奶、印度拉西、日本甘酒绝对是好选择，去油解腻、消暑解渴，在家就可以轻松制作完成哦！

海鲜南瓜浓汤

利用制作西餐时常用的炒面糊，让浓汤糊化产生浓郁可口的风味，是不可缺少的步骤。

食材

带皮南瓜块...600克   水...适量

酸奶...100克   虾仁...20个

无盐黄油...15克   芦笋贝...1包

面粉...15克   米酒...1小匙

洋葱末...150克   盐...适量

月桂叶...2片   黑胡椒碎...适量

做法

1 虾仁可用先少许盐、米酒腌渍，放进冰箱冷藏备用。

2 无盐黄油以小火加热，化开后倒入面粉，快速拌炒至无粉状。

3 分次加入少量酸奶，不停搅拌至与面糊完全混合，重复以上动作。

4 在锅中放入南瓜块、洋葱末、水和月桂叶。

5 开中小火煮约20分钟，夹出月桂叶，用料理棒直接打成泥。

6 起锅前，加入虾仁和芦笋贝，最后加盐、黑胡椒碎调味。

营养特色 ————

南瓜所含的 β–胡萝卜素、维生素 C 和维生素 E 都具有高抗氧化力。南瓜富含的膳食纤维及营养元素，对提高身体机能有一定的功效。

point ————

* 炒面糊阶段很容易烧焦，可先关火，利用锅的余温完成。

* 南瓜皮营养价值高，加入浓汤里面打成泥，能吃到整个南瓜的营养。

Vegetable Miso Soup

野菜酸奶味噌汤

用渍过野菜的酸奶味噌，有着淡淡的甘甜味，加入切成薄片的蔬菜，很快就可以完成味噌汤的制作。

食材

白萝卜...数片
洋葱...1/2个
海带芽...1小把
酸奶味噌...3～4大匙
水...适量

做法

1 白萝卜削皮后切成薄片；洋葱切成细丝；海带芽用清水洗净。
2 将白萝卜片、洋葱丝和海带芽放入水中，煮约10分钟。
3 熄火后加入酸奶味噌，轻轻拌匀。

point

* 这道汤品还可以加入带有一丝甜味的蔬菜，如圆白菜、胡萝卜等。
* 熄火后才能加入酸奶味噌，避免酸奶味噌加热时间过长而变苦、营养流失，若是咸度不够，可另加少许盐调味。

营养特色

味噌含有大豆异黄酮、黄豆固醇及类黑精等抗氧化物质，是日本人对抗自由基的秘密武器。除了煮汤外，还可以应用在腌渍蔬菜及烧烤上，只要控制好咸度，每日适量摄取，有益于身体健康。

毛豆浓汤

毛豆含量较高蛋白质，以酸奶取代高热量的鲜黄油，更能凸显毛豆的美味。

食材

毛豆...200克
酸奶...60克
无盐黄油...1大匙
洋葱末...100克
月桂叶...2片
水...100～150克
盐...适量
黑胡椒碎...适量

做法

1　将毛豆洗净后备用。无盐黄油用小火加热，化开后倒入洋葱末。待洋葱末拌炒至变软后，加入毛豆、水和月桂叶一起煮。

2　煮10～15分钟，夹出月桂叶，用料理棒直接打成泥。加入酸奶及适量的水调整成喜爱的浓度。以盐、黑胡椒碎调味，小火煮至微微沸腾即完成。

酸奶梅酒

在日本风行的酸奶梅酒，在家也能制作完成。尝起来微酸微甜，而且有点爽口，很容易一不小心就喝醉了。

食材

梅酒...30~40克
酸奶...2大匙
气泡水...适量
冰块...适量

point

* 建议使用搅拌棒，酸奶才会不易结块。
* 久放容易有沉淀现象，饮用时可先搅拌一下。

做法

1 将梅酒、酸奶放入杯中搅拌均匀。

2 倒入适量的气泡水、冰块即可享用。

蜂蜜乳清饮

制作希腊酸奶时滴滤出来的乳黄色液体就是营养价值很高的乳清，除了可以拿来腌肉、做面包时取代液体外，加入蜂蜜搅拌均匀就是非常好喝的饮料了。

食材

乳清...1份
蜂蜜...适量

做法

将蜂蜜倒入乳清中，搅拌至融化即可享用。

Ayran

土耳其咸味酸奶

这是一款土耳其经典饮料，吃大餐时喝一杯可去油解腻，炎热的夏天喝一杯还能消暑解渴。

用原味酸奶、水和盐就能调配出这款饮品，做法也十分简单！

食材

原味酸奶...300克　　　　　水...150克　　　　　盐...1/2小匙

做法

1 将原味酸奶舀入料理机中。

2 注入水。

3 放入盐。

4 搅打均匀至起泡。饮用时可以加一点新鲜薄荷叶增添风味。

Strawberry Yogurt Drink

草莓酸奶

草莓口味的酸奶很受小朋友欢迎，可是仔细看一下成分表，除了酸奶外，还会添加色素、增稠剂和香料，这些对孩子健康无益的添加剂最好不要食用，只要有自制酸奶、鲜奶和冷冻草莓，要喝草莓优酪乳随时可以自己做！

食材

酸奶...150克

鲜奶...150克

冷冻草莓...80克

蜂蜜...适量

做法

1 将所有材料放入料理机中。

2 搅打均匀即可。

point

* 我平时喜欢准备些冷冻莓果，随时可以变化出各种饮料给孩子喝。这个酸奶还可以做成蓝莓口味，或加上时令水果做出综合水果口味的酸奶，健康又无负担，只要记得酸奶和鲜奶的用量相同即可。

热带风味拉西饮料

拉西（Lassi）是印度料理中最经典的解暑饮料，且制法很简单，只要将等量的酸奶、水及冰混合，再加入糖浆或新鲜水果调味即可。这杯用带有浓浓热带风情的菠萝、椰奶、酸奶做成的拉西，别有一番风味哦！

食材

酸奶...200克

椰奶...100～150克

菠萝罐头...1罐

姜泥...约1小匙

冰块...适量

做法

将酸奶、冰块、椰奶、菠萝罐头果肉及汁液、姜泥一起用料理机打成滑顺状。喜欢喝甜一点的，可以另加糖。

point

* 如果选用新鲜菠萝，记得挑熟一点的，或把菠萝用锅煎到水分略蒸发再一起搅拌，香气和甜味会更佳！

Chocolate Yogurt Drink

热巧克力酸奶

寒冷的冬天最适合来一杯温暖身心的热巧克力了，而酸奶温和的酸味和巧克力可以搭配出意想不到的美味，冬天的早上如果想要温暖身体又想喝酸奶，不妨试试这个饮料！

食材

酸奶...150克
鲜奶...150克
巧克力...6~8克

做法

1 将酸奶和鲜奶混合均匀。将巧克力切碎。

2 把巧克力碎屑加入酸奶鲜奶中，用微波炉600W加热30秒后取出，拌匀。如果还有未化开的巧克力，再加热20秒，搅拌至温热即可饮用。

莓果红酒酸奶果昔

果香味浓厚的红酒和香甜的莓果是好搭档，而希腊酸奶中和了莓果刺激的酸味还会给成品带来浓厚的口感，是一款专属于大人的健康饮料。

食材

冷冻蓝莓...60克

冷冻草莓...60克

红酒...100克

希腊酸奶...100克

蜂蜜...视个人口味添加

point

＊ 冷冻莓果一年四季都可以取得，也取代了冰块，让果昔的口感更冰爽绵密。

做法

1 将冷冻蓝莓和冷冻草莓倒入容器中。倒入红酒。

2 舀入希腊酸奶。

3 搅打成果昔。

酸奶可尔必思气泡饮

用自己煮的柠檬糖浆加些希腊酸奶，尝起来的味道就像市售的可尔必思（日本饮品品牌）饮品，再加上有气泡的苏打水，就是清凉消暑的可尔必思汽水了！

食材

希腊酸奶...2大匙
苏打水...150克

[柠檬糖浆]
柠檬...2个
糖...200克
水...400克

做法

1 柠檬洗净，用刮刀刮下柠檬皮屑。注意不要刮到果络，否则会有苦味。将柠檬挤汁备用。取一小锅，放入柠檬皮屑、糖、水和柠檬汁，开中火煮到糖融化后静置放凉。

2 过滤柠檬皮屑，剩下的糖浆装入密封罐保存。杯中放入希腊酸奶，加入4大匙柠檬糖浆，用搅拌匙搅拌均匀，再倒入苏打水，就是好喝的酸奶可尔比思气泡饮。

point

* 也可将苏打水换成气泡水，但气泡水的气泡消失得很快。
* 饮料久放会有沉淀现象，建议调好后尽快喝完，或是喝时再搅拌一下即可。
* 做好的柠檬糖浆放入密封罐中，放入冰箱保存。

营养特色

腰果含有丰富的不饱和脂肪酸，是对人体有益的天然油脂。此外，还富含维生素A及B族维生素，搭配钙质丰富的酸奶打出香浓奶昔，是营养均衡又带有满满香气、饱足感的美味饮品。

腰果可可酸奶奶昔

可可酸奶和腰果一起打至滑顺，再加些鲜奶即为香醇的奶昔，多了坚果的香气，喝起来幸福感满满。

食材

无调味腰果...100克

希腊酸奶...100克

可可粉...1大匙

枫糖浆...1大匙

鲜奶...200克

做法

1 将所有材料（除枫糖浆外）都放入果汁机中，搅打至腰果几乎成糊状即停止。

2 再慢慢加入枫糖浆，边加边试味道，调整到自己喜爱的甜度。

point

＊可在表面撒上切碎的腰果、可可粉做装饰，让饮品看起来更可口。

营养特色 ————————

红薯是公认的健康食材，除了含丰富的维生素、矿物质外，低升醣指数是它的一大特色，可以减缓餐后血糖上升的速度。此外，利用红薯的高膳食纤维，搭配富含乳酸菌的酸奶，再用具有润肠作用的蜂蜜调味，即可做出一杯可令人神清气爽的饮品。

蜂蜜红薯酸奶奶昔

红薯营养价值高且富含纤维质，是很好的淀粉来源。早晨喝一杯红薯酸奶奶昔，让肠胃无负担，整个人也会神清气爽！

食材

红薯...1个（150～200克）　　鲜奶...100克
希腊酸奶...100克　　　　　　蜂蜜...2小匙

做法

1 将红薯洗净，削去外皮，切成小块，放进电锅中蒸15～20分钟，直至软熟。将蒸软的红薯挖出1小匙备用。

2 将剩余红薯和所有材料放入果汁机中搅匀。倒入杯中，放些熟红薯块，可另撒适量奇亚籽装饰。

point

* 每个红薯的甜度不同，打出来的奶昔味道也不同，可依个人口味通过调整蜂蜜的使用量来调整甜度。
* 红薯是这杯奶昔的风味来源，建议依上面的食材使用量，红薯不少于150克，味道才浓郁。

Part 6

甜蜜下午茶好滋味!

酸奶点心

对很多人来说,不管吃多饱都还可以继续品尝美味甜点,但高糖、高油的美味甜点,常常让人在品尝后,会因为摄入过多的热量而感到焦虑。

跟着我们一起来利用当季盛产的水果、有不同营养元素的食材,搭配自制美味酸奶,做出低热量又美味的甜点,让身心都舒畅!

草莓可丽饼

法式可丽饼有多种吃法，除了搭配各种冰激凌、水果，还可以做成千层蛋糕，但都离不开鲜黄油。现在用希腊酸奶替换鲜黄油，一样有着绵滑的口感，但热量却很低！

食材

[可丽饼]（使用直径为26厘米的平底锅，可做10片量）

酸奶...180克

乳清...120 克

鸡蛋...2个

面粉...130克

盐...1/2小匙

糖...1大匙

植物油或化黄油...45克

[内馅]

希腊酸奶...200克

草莓...40个

蜂蜜...适量

做法

1 将制作可丽饼所需的全部材料加入料理机中，搅打成均匀的面糊，静置至少30分钟以上。

2 在平底锅中均匀抹上油（材料外），倒入约60克的面糊。

3 将饼皮煎至金黄且边缘微微翘起。

4 翻面再煎约10秒即可起锅。

5 草莓洗净后擦干，切半备用。

6 饼皮放凉后，抹上希腊酸奶。

7 放入草莓，包好，最后淋上蜂蜜即可享用。

*point*_____

* 若不是正值草莓季，也可包入各种时令水果，像芒果、猕猴桃均可。

* 嗜甜的你，也可以将200克希腊酸奶与20克炼乳、20克奶粉、50克糖粉拌匀即为甜味抹酱，会有更浓郁的奶香味。

蜂蜜柠檬免烤酸奶起司蛋糕

用蜂蜜和柠檬这两种食材一起来做免烤起司蛋糕，绵密滑润的蛋糕除了带有蜂蜜的香气，还带有有柠檬清爽的酸味，加入酸奶后热量也会降低、口感也会更轻盈！

point

* 如果脱模后发现表面
或侧边不够光滑，可以
用汤匙泡热水后拭干，
用汤匙背面轻轻抹在不
平整的地方，再把蛋糕
放回冰箱冷藏。

No Bake Yogurt Cheesecake

食材（可做一个直径约为20厘米的起司蛋糕）

[饼干底]

消化饼...75克　　　　　化黄油...40克

[乳酪糊]

奶油乳酪...250克　　　　水...1大匙

希腊酸奶...100克　　　　鲜奶油...150克

柠檬汁...50克　　　　　　吉利丁...8克

柠檬皮屑...1/2个　　　　蜂蜜...80克

做法

1 制作饼干底：将消化饼用擀面杖擀碎后，加入化黄油拌匀。将饼干碎倒入铺有烘焙纸的蛋糕模中。

2 用汤匙背面将其压实，放入冰箱冷藏备用。制作乳酪糊：将放置在室温条件下软化的奶油乳酪打成乳霜状，加入希腊酸奶、柠檬汁、柠檬皮屑和蜂蜜搅拌均匀。

3 将吉利丁泡入冰块水（材料外）中，泡软后捞出沥干，放入碗中，加1大匙水，用隔水加热法化开。鲜奶油打发至可以看到纹路，再与吉利丁液一起拌入乳酪糊中。

4 从冰箱取出铺上饼干底的蛋糕模，将乳酪糊缓缓倒入，放入冰箱冷藏至少4小时后再脱模。

※ 脱模前用温热的毛巾或吹风机稍微加热，会更容易脱模。

香料姜汁磅蛋糕

这道甜品的制作灵感是来自于姜饼人饼干。圣诞节到来时，用热热的红茶搭配一片香气浓郁又微微辛辣的磅蛋糕，绝对是冬季午后最完美的下午茶。

point

* 这款蛋糕用现成的松饼粉制作，非常方便。

食材

松饼粉...300克　　　姜泥...20克

鸡蛋...2个（室温）　　众香子粉...1/2小匙（选用）

酸奶...220克　　　　肉桂粉...1/2小匙

黑糖...80克　　　　　蜜渍橙皮...30克

黄油...100克

做法

1　将模具内壁涂上化黄油（材料外），再均匀撒上薄薄的面粉（材料外），如果是夏天建议放进冰箱备用。

2　先将黄油放在室温条件下软化，以打蛋器打成乳霜状，再分次加入鸡蛋，直到蛋液完全被吸收即为奶霜糊。

3　准备另一个碗，将酸奶、众香子粉、肉桂粉、姜泥和黑糖拌匀。最后将松饼粉、奶霜糊、酸奶糊和切成丁的蜜渍橙皮搅拌均匀。

4　倒入烤模中，送进预热至180℃的烤箱，共烤35～40分钟。中途15分钟时可先取出，在中央画一条线后再送回烤箱，让蛋糕裂纹更美观。

YOGURT
Desserts

黑糖烤酸奶

偶尔嘴馋时，想要来点健康又能满足口腹之欲的点心，我最推荐这一道。希腊酸奶温润的口感经过烘烤后配上黑糖，很有饱足感。

食材

希腊酸奶...1份
黑糖...适量

做法

1 将滴滤超过24小时的希腊酸奶平铺在烤皿上。

2 撒些黑糖。

3 放进烤箱，以170℃烘烤约10分钟。

point

* 烤的时间为10～30分钟，烤的时间越长水分含量越少，口感就更有韧性！

Pomelo Froyo

柚香雪酪

只要一个袋子就能做出口感绵密的冰激凌，这么简单的料理怎么可以错过呢！

食材

希腊酸奶...250克

柚子酱...2~3大匙

做法

1 将希腊酸奶和柚子酱倒入拉链袋中，搓揉均匀后按平，放进冰箱冷冻。

2 30分钟后取出，再搓揉、按平。冻至硬透即可享用。

point

＊酸奶中的水分含量越少就越能做出绵密的口感，所以建议使用至少滴滤48小时以上的希腊酸奶，绵密的口感会让你惊讶不已。

＊不仅可以用柚子酱，任何果酱都可以使用。如果没有果酱，加入蜂蜜也是不错的选择。

酸奶奇亚籽布丁

奇亚籽是减肥人士经常食用的超级食物，小小一颗却能吸收自体10倍的水分，可以增加饱腹感。利用奇亚籽的这个特性来制作布丁，就可以安心享用，却不用担心摄入过多热量又有强烈的饱足感。

食材

酸奶...150克
鲜奶...150克
奇亚籽...40克

做法

1 将酸奶和鲜奶混合均匀，拌入奇亚籽。

2 倒进容器中，用保鲜膜密封，放入冰箱冷藏一晚。食用时可以搭配各种水果、谷物片以及蜂蜜一起享用。

point

* 拌入奇亚籽后30分钟即可享用，但如果想要吃软嫩一点的口感，建议冷藏一晚再食用。

酸奶巧克力芭芭露

利用棉花糖的凝固能力、甜味及风味，就能够轻松做出这道爽口的酸奶甜点！

食材

希腊酸奶...100克

蛋黄...2个

　　※ 如不喜欢蛋黄的腥
　　味也可以不加。

棉花糖...7个

苦甜巧克力...5克

point

* 记得棉花糖和蛋黄要分次加热，尤其加入蛋黄后只能短时间快速加热，不然蛋黄会结块，口感会差很多。

做法

1 将棉花糖放进耐热碗中，以将微波炉调至500W挡加热40秒至融化。

2 倒入蛋黄快速搅拌，再以500W加热15秒，若有未融化的棉花糖可以再加热10秒。利用余温倒入切碎的苦甜巧克力，搅拌至均匀。

3 最后加入希腊酸奶拌匀后，倒入喜欢的容器放置3小时至凝固。

芒果百香果酸奶冰棒

以希腊酸奶取代冰棒中的水分，可增加绵密细致的口感；使用天然水果制作，再用少许蜂蜜增加甜味，夏日吃自己做的冰棒，消暑又健康！

食材

百香果...3个
芒果...1个（果肉约250克）
希腊酸奶...200克
蜂蜜...4大匙

做法

1 将水果洗净，百香果对切成两半，挖出果肉；芒果去皮后切丁备用。将处理好的水果倒入食物处理机，加入希腊酸奶、蜂蜜，一起搅打至柔滑、均匀。

2 将打好的果泥倒入冰棒模具中，放入冰箱冷冻至少6小时至完全结冻。

point

* 每个水果的甜度不一，搅打后建议先吃果泥的酸甜度，依个人口味增减蜂蜜的使用量。

低热量酸奶生巧克力

用酸奶替代高热量的鲜黄油，只要三种材料，就可完成生巧克力的制作，完全不用担心摄入过多的热量！

食材

酸奶...50克

可可含量为75%的黑巧克力
块...100克

无糖可可粉...2大匙

做法

1 准备一个容器，铺上烘焙纸。将黑巧克力用隔水加热法化开。

2 化开后加入酸奶搅拌均匀。

3 将巧克力酸奶倒入容器中并抹平。盖上盖子，放入冰箱冷藏至少1小时，或是冷冻30分钟（依照分量调整时间）。

4 待巧克力变硬后，取出切块，并撒上可可粉。

point

* 不同酸奶的水分含量不同，可自行酌量调整用量。

* 无添加防腐剂，建议少量制作，尽快食用完毕。

YOGURT
Desserts

酸奶蓝莓球

健康、低热量、美味且容易制作，炎炎夏日时，吃起来既消暑，也不用担心会摄取过多的糖分。

食材

希腊酸奶...70克
蓝莓...1盒

做法

将蓝莓洗净后擦干。舀入希腊酸奶，可用干净筷子或牙签将蓝莓表面蘸满酸奶。放进冰箱冷冻约3小时。

*point*_____

* 可加少许蜂蜜增加甜度。
* 可根据个人口味将蓝莓替换成其他莓果类。

韩式煎糖饼

这道料理是冬天韩国街头常见的小吃，将糯米饼用油煎至表面金黄，外皮软糯，里面是融化的黑糖馅，口感令人惊艳不已。将原预拌粉配方进行改良，面团具有延展性又不湿黏，在家也能做出美味的煎糖饼！

食材

[饼皮]
高筋面粉...100克
糯米粉...25克
淀粉...25克
酸奶...100克
速发酵母粉...2克
糖...10克

[内馅]
黑糖粉...适量

做法

1 将制作饼皮所需材料放入容器内，搅拌均匀至无粉粒团状，揉约5分钟。铺上保鲜膜或湿布，置于30℃或温暖处发酵50分钟。将面团分割成5等份，每份约55克，搓圆。将面团轻压排气后擀成圆形，包入5~7克黑糖粉。

2 搓圆后捏紧收口。

3 起油锅，面团收口处朝下，用锅铲轻轻压扁，煎至表面金黄即可。

point

＊ 内馅可加入综合坚果碎、少许肉桂粉，增添口感及香气。
＊ 下锅煎时，以小火慢煎，轻压面团，避免黑糖浆流出。
＊ 想要口感略带韧性，可减少高筋面粉使用量，增加糯米粉使用量。

Yogurt Dango
With Mitarashi Sauce

日式酱油团子

这是一种在日本随处可见的小点心，利用酸奶的保湿性，可使团子的口感更有嚼劲，材料与步骤相当简单，在家就能轻松完成！

食材

[团子]
酸奶...80克
水磨糯米粉...80克

[甜酱油]
酱油...30克
白砂糖...30克

味醂...5克
水...90克
水淀粉...5克

做法

1 制作甜酱油：将酱油、白砂糖、味醂和水倒入锅内，开中小火待糖融化，慢慢倒入水淀粉调整浓度。

2 制作团子：将酸奶及水磨糯米粉放入容器中，搓揉均匀成无粉粒团状。分割面团并搓圆，每粒大小尽量一致。煮一锅水，沸腾后放入团子，并稍微搅拌，避免粘锅底。团子浮起后再煮1分钟，捞起后放入冰水中冰镇，可使口感更有韧性。

3 用洗净的竹扦串起团子后可用炉火烘烤至表面变得焦香，更能增添米香味，淋上甜酱油即可享用。

point

* 不同酸奶的水分含量不尽相同，可自行酌量调整用量。
* 用炉火烘烤的步骤可以替换成放入烤箱烤或将此步骤省略。

酸奶巧克力布朗尼

布朗尼是制作相当简单又受欢迎的甜点之一，扎实的口感是它的特色，用枫糖浆和酸奶取代部分糖量与液体，烤出来的布朗尼外层酥脆、里面湿润。

食材

黑巧克力...100克

无盐黄油...80克

鸡蛋...2个

糖...50克

枫糖浆...30克

酸奶...10克

低筋面粉...60克

可可粉...10克

做法

1 将模具内铺上烘焙纸，烤箱预热至170℃。将无盐黄油与黑巧克力放入不锈钢盆中，用隔水加热法化开。

2 加入糖与可可粉，搅拌均匀。

3 再加入枫糖浆与酸奶，继续搅拌均匀。

4 打入鸡蛋，慢慢搅拌均匀。

5 将低筋面粉过筛，倒入钢盆中，轻轻地与巧克力面糊翻拌均匀至无粉粒状态。

6 将完成的面糊倒入模具中，表面用刮刀稍微抹平，放进预热好的烤箱烘烤 16～18 分钟；烤好后，将竹扦插入蛋糕体测试，若仅黏一点蛋糕屑，就表示可以出炉了。

point

＊隔水加热时，要仔细观察巧克力化开的情况，超过60℃巧克力会油水分离，所以差不多化开9成时，就可以离火，用余温慢慢搅拌至化开。

＊我用的是边长为20厘米的方形模具，若你的模具比较大，可适当增加原料的用量，建议烤16分钟时插入竹扦测试，若没有黏一点蛋糕屑，每分钟再测试一次。想要烤出里面湿润的布朗尼，烘烤时间要拿捏好。

百香果酸奶棉花糖

使用最简单、最基础的材料就能制作完成，不用蛋白进行打发能避免产生腥味。

食材

百香果...200克
酸奶...100克
糖...30克
蜂蜜...30克
吉利丁...4片
玉米粉...40克

做法

1 将百香果用滤网过滤出新鲜果汁。

2 取一个干净容器，铺上烘焙纸备用。将吉利丁泡入冰水中，软化后挤干水分备用。玉米粉过筛后，以微波炉加热20~40秒，取出放凉备用。取一口锅，倒入百香果汁、酸奶、糖和蜂蜜，以中小火煮沸，请勿搅拌。

3 转小火继续加热至115~118℃熄火。倒入另一口深锅中，快速放入吉利丁搅拌融化。接着用搅拌器全程高速打发10~15分钟，直至提起搅拌头时有滴落痕迹即可。

4 尽快倒入容器内，轻轻敲出大气泡，放入冰箱冷藏约3小时。

5 在台面上先撒上玉米粉，放入棉花糖，在表面也撒上玉米粉。

6 在刀表面抹少量油脂，可防止切的时候粘黏。切块时一刀到底，勿来回切，否则表面会不平整。均匀撒上玉米粉。

point

* 可换成各式果汁及调整甜度。

* 液体温度需达115~118℃，较不易反潮。

* 玉米粉可用部分防潮糖粉代替。

芒果酸奶奶酪

利用酸奶代替风味浓郁的
鲜奶油，口感更加轻盈、
清爽无负担。

食材

酸奶...250克   蜂蜜...50克

鲜奶...50克   芒果...适量

吉利丁...2片

做法

1 将吉利丁剪成小片泡在冰水中，大约10分钟。软化后，挤干水分备用。

2 准备一口小锅，放入鲜奶、酸奶、蜂蜜和吉利丁片。

3 隔水加热搅拌至吉利丁融化。

4 离火后，倒入容器内。待稍凉后，放进冰箱冷藏3小时以上，有助于定形。将芒果切成小块，铺在奶酪上。

*point*_____

* 想要口感更加软绵，可以酌量增加酸奶使用量。

* 喜欢甜一点的，也可以酌量增加蜂蜜使用量。

* 也可将芒果更换成自己喜爱的水果。

紫阳花抹茶奶酪

上层紫阳花色系的果冻可以带来视觉上的清凉感，品尝后可以缓解初夏的炎热感，最下层的抹茶奶酪与酸奶是意外的搭配，可同时享受两种口味。

食材

[下层]	[中层]	[上层]
抹茶粉...5克	酸奶...150克	蝶豆花...10朵
热水...20克	蜂蜜...25克	热水...200克
酸奶...130克	吉利丁...1片	糖...15克
蜂蜜...25克		柠檬汁...2克
吉利丁...1片		吉利丁...2片

做法

[下层]

1 将吉利丁片剪小块，在冰水中浸泡10分钟后沥干备用。

2 抹茶粉倒入热水，搅拌均匀并过筛，避免结块。

3 将酸奶和蜂蜜倒入容器内，隔水加热至微温。

4 把吉利丁和抹茶倒入酸奶中拌匀，装瓶后冷藏3小时。

[中层]

1 将吉利丁片剪小块，泡冰水10分钟后沥干备用。

2 将酸奶和蜂蜜依序倒入容器内，隔水加热至微温。

3 把吉利丁倒入酸奶中，拌匀后放凉。

4 取出抹茶奶酪，倒入酸奶液，放进冰箱冷藏3小时。

[上层]

1 将吉利丁片剪成小块，泡入冰水10分钟后沥干备用。蝶豆花用热水泡开，加糖搅拌均匀，静置2分钟。

2 另外，倒出100毫升的蝶豆花水，加柠檬汁调色。在两种颜色的蝶豆花水中分别加入1片吉利丁片并搅拌均匀，倒入不同的容器冷藏2~3小时。

3 取出蝶豆花果冻，用小刀切成丁状，或用叉子刮成末状。铺在奶酪最上层即可。

*point*_____

＊ 蜂蜜甜度可自行调整。

＊ 蝶豆花水可自行调整成喜爱的颜色。

新鲜草莓派

每到冬天草莓季，新鲜的草莓总是特别诱人，除了直接吃或是做成果酱，有时我还会做草莓派：先做一层派皮、填满让草莓派口味更有层次的杏仁奶油馅，上面抹上加了炼乳的希腊酸奶，微酸的乳香，让草莓派吃起来甜而不腻。

食材（可做一个直径为20厘米的草莓派）

新鲜草莓...适量

[派皮]

无盐黄油...40克

糖粉...20克

蛋黄...1个

鲜奶...5克

盐...1小撮

低筋面粉...80克

[杏仁奶油馅]

无盐黄油...30克

糖粉...30克

杏仁粉...40克

全蛋液...20克

[酸奶抹酱]

希腊酸奶...80克

炼乳...15~20克

做法

1 先做派皮：将无盐黄油室温条件下软化后，放入搅拌盆中，用搅拌器打成乳霜状，加入糖粉、盐一起拌匀，再加入蛋黄拌匀。

2 倒入过筛好的低筋面粉、鲜奶。

3 用刮刀以按压方式混合均匀，注意不用过度搅拌，以免影响口感。

4 将做好的派皮面团用保鲜膜包起来，放进冰箱冷藏30分钟。将烤箱预热至180℃。

5 制作杏仁奶油馅：另取一个钢盆，倒入恢复至室温软化的无盐黄油，搅打成乳霜状，倒入糖粉、杏仁粉搅拌均匀。

6 加入全蛋液拌匀后，倒入裱花袋中备用。

7 从冰箱取出派皮面团，放在直径为20厘米的盘中，用手将面团按压铺平于盘中，用叉子等距扎几个洞。

8 挤上杏仁奶油馅，放入预热好的烤箱，烤至杏仁奶油馅呈金黄色，时间约为20分钟。

9 取出烤好的派皮，戴隔热手套将派皮脱模，放置散热架上冷却。

10 将希腊酸奶与炼乳混合均匀，均匀涂抹在已放凉的派皮表面，再依个人发挥放上新鲜草莓，草莓派就做好啦！

*point*_____

* 裱花袋也可以用三明治袋代替，装上杏仁奶油馅后，使用时，在袋子尖端剪一个小洞就可以挤出馅了。
* 酸奶抹酱中的炼乳使用量可依个人口味自行调整。

Delicious Yogurt

图书在版编目（CIP）数据

低卡酸奶创意轻食 / 飨瘦美味著. —北京：中国轻
工业出版社，2022.4

ISBN 978-7-5184-3748-1

I.①低… II.①飨… III.①酸乳—制作 IV.①TS252.54

中国版本图书馆 CIP 数据核字（2021）第 241133 号

责任编辑：卢　晶　　责任终审：劳国强　　整体设计：锋尚设计
策划编辑：卢　晶　　责任校对：晋　洁　　责任监印：张京华

出版发行：中国轻工业出版社（北京东长安街6号，邮编：100740）
印　　刷：北京博海升彩色印刷有限公司
经　　销：各地新华书店
版　　次：2022年4月第1版第1次印刷
开　　本：720×1000　1/16　印张：10
字　　数：200千字
书　　号：ISBN 978-7-5184-3748-1　定价：59.80元
邮购电话：010-65241695
发行电话：010-85119835　传真：85113293
网　　址：http://www.chlip.com.cn
Email：club@chlip.com.cn
如发现图书残缺请与我社邮购联系调换
200323S1X101ZYW